LES EAUX

DE

MARIENBAD

LEUR HISTOIRE

LEUR ANALYSE, LEURS EFFETS

LEUR EMPLOI

ET LEUR EXPÉDITION

PARIS

TRADUIT DE L'ALLEMAND ET IMPRIMÉ

PAR LES SOINS DE

LA GAZETTE DES EAUX

MAI 1875

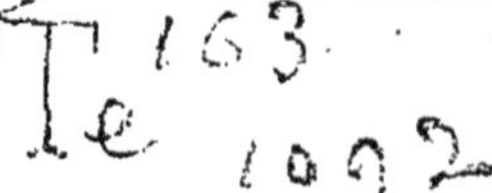

LES EAUX

DE

MARIENBAD

LES EAUX

DE

MARIENBAD

Nous croyons devoir donner, aux malades qui font usage des eaux de Marienbad sans se trouver sur les lieux, une idée de l'aspect de cette station balnéaire.

Marienbad est situé au nord-ouest de la Bohême, dans une vallée entourée de montagnes boisées, qui n'est ouverte que du côté du sud, à une altitude de $604^{m},19$ au-dessus du niveau de la mer. Le chemin de fer « Empereur François - Joseph », dont elle est une station, la relie au réseau continental. Avec ses dix-huit cent quatre-vingts habitants, sa population flottante de six mille malades et touristes, ses cent trente maisons éparpillées sur une large surface, autour d'un parc sans prétention et bien situé, Marienbad a l'aspect et le caractère d'une ville d'eaux rustique et confortable. Ses églises, son théâtre, son cabinet de lecture et son orchestre répondent à tous les besoins, et l'installation matérielle de ses sources, de ses établissements de bains, de ses hôtels, de ses cafés et de ses moyens d'approvisionnement ne laisse rien à désirer. Le terrain sur lequel la ville est bâtie est une ancienne propriété de la communauté des Prémontrés de Tepl. La ville administre elle-même le fonds de la Curtaxe, ainsi que ses ressources particulières.

Le traitement par les eaux de Marienbad a pris une grande extension dans ces derniers temps. Ces eaux se partagent en trois groupes, suivant qu'elles sont employées spécialement comme BOISSON, ou spécialement comme BAINS, ou pour LES DEUX USAGES. Au premier groupe appartiennent la *source de la Croix* (1), celle de la *Forêt* (2), et la *source Rodolphe* (3); au second, la *source Marie* (4), et au dernier, la *source Ferdinand-Caroline et Ambroise* (5). Dans les dépôts de boues voisins de la ville existe une source assez riche en fer, et, près du moulin de Marienbad, on a découvert, en 1873, une source nouvelle, qu'on a déjà aménagée. Ces deux sources ont été, jusqu'ici, peu étudiées par les hommes de science.

Dans la notice qui va suivre, les sources ne sont pas rangées dans l'ordre ci-dessus, mais suivant leurs propriétés thérapeutiques.

NOTICE HISTORIQUE (6)

C'est de la découverte de la source de Kreuzbrunn, placée par les Annales de la communauté de Tepl au XVIe siècle, que date l'histoire de Marienbad. C'est au

(1) Kreuzbrunn.

(2) Waldquelle.

(3) Rudolfsquelle.

(4) Marienquelle.

(5) Ferdinands Karolinen und Ambrosiusbrunnen.

(6) Cette notice abrégée est empruntée, en partie, à l'*Histoire de Marienbad*, publiée par l'inspecteur actuel des eaux, M. L. Staab, au bénéfice de l'Hôpital des baigneurs indigents.

XVIe siècle que les eaux de cette source furent employées par les paysans des environs, pour leur consommation habituelle, et surtout comme moyen de guérison. Des cures remarquables attirèrent peu à peu l'attention des médecins et des hommes du monde ; si bien que, en 1749, la source de Kreuzbrunn était assez connue pour que le pharmacien Schulz essayât d'en tirer, par évaporation, le sel qu'elle contient, et de le mettre dans le commerce. Son entreprise réussit, et, dès cette même année 1749, on commençait à exporter les matières salines du Kreuzbrunn sous le nom de *sel de Teplitz*. Schulz dota la source d'un aménagement provisoire, à côté duquel il fit ériger une croix de bois. C'est de là que viennent le nom de *Kreuzbrunn* (source de la Croix) et la croix qui domine actuellement la coupole de la rotonde, dont la voûte abrite la source. Toutefois, en 1779, les environs du Kreuzbrunn n'étaient encore qu'un chaos de marais, de roches abruptes et sauvages, et de forêts ; seule, la croix de bois de Schulz marquait la place où des eaux, si utiles à l'humanité, s'échappaient du sein de la terre. En 1790, la source fut mieux aménagée : on entoura d'un enclos les terrains avoisinants, et on construisit une maisonnette destinée à protéger les buveurs contre le mauvais temps. A la même époque, à côté de la source Marie, qui se trouve à peu de distance au sud-est du Kreuzbrunn, on bâtit un petit établissement de bains, et on reçut dans la station des artistes et des artisans qui présentaient de bonnes références. En 1817, l'aménagement provisoire du Kreuzbrunn, menaçant ruine, fut reconstruit à nouveau, et en 1818 on le couvrit d'une rotonde, à laquelle aboutissent deux portiques dans le style ionique, destinés, l'un à l'entrée, l'autre à la sortie. A plusieurs reprises, on s'était plaint du mauvais aménagement de la source; les eaux devenaient moins abondantes et étaient moins chargées de sels. A la suite de ces plaintes, la communauté de Tepl fit construire, en 1858, un aménagement conforme à tout ce que la science et l'expérience ont appris sur le régime des eaux souterraines. Depuis cette époque, l'eau du Kreuzbrunn est recueillie dans un réservoir octogone en bois de chêne, mesurant 1m,36 de diamètre et 1m,21 de hauteur. Ce réservoir, parfaitement étanche, repose, par sa partie inférieure, sur la couche de granit d'où s'échappe l'eau minérale. La partie supérieure est entourée d'un couronnement en granit. Entre ce couronnement et l'orifice inférieur, par lequel se déversent les eaux, et qui est placé à 0m,89 au-dessus de la couche de granit, le réservoir cube 1mc,19. Pour assurer le filtrage de l'eau, on a muni le réservoir, environ à hauteur de l'orifice de déversement, d'une grille en chêne, couverte de tessons de bouteille ; deux fois par semaine, on enlève cette grille, qui est mobile, et on renouvelle les tessons. Depuis que la machine élévatoire *Tober* a remplacé le primitif puisoir, il est facile et commode de remplir soi-même son verre. Tous les ouvrages hydrothérapiques qui ont été publiés sur Marienbad sont d'accord pour mettre au premier rang la source de Kreuzbrunn. Les médecins qui, les premiers, ont apprécié ses vertus curatives, étaient des sommités (1).

Le *Ferdinandsbrunn*, situé à 1k,706 au sud du *Kreuzbrunn*, et à une altitude inférieure de 52m,45, est plus riche en sels et plus abondant en débit. Il prendra certainement, dans l'avenir, plus d'importance que cette

(1) En mémoire des docteurs Nehr et de Heidler, conseiller d'Etat, quelques personnes reconnaissantes ont fait ériger, au premier, un buste près du Kreuzbrunn, et au second, un obélisque dans le parc de Marienbad.

dernière source. Il était déjà connu en 1528. La tradition veut que le roi Ferdinand Ier ait ordonné, à cette époque, d'exploiter les sources salines de la seigneurie de Tepl, voisines du village d'Auschowitz, pour en retirer du sel de cuisine. En dépit de l'ordonnance de Ferdinand, la source ne donna jamais, en place du sel de cuisine, que du sel de Glauber (sulfate de soude). On cessa de s'occuper de cette source, qui tomba bientôt dans l'oubli. Plus tard, le nombre des visiteurs de Marienbad augmente rapidement, lorsqu'en 1818 cette ville devient une station balnéaire. Cette affluence fit craindre que le Kreuzbrunn ne devînt insuffisant, et en 1819 on tira de l'oubli la source d'Auschowitz. On recueillit les eaux dans un réservoir; on les fit analyser, et, en l'honneur du prince impérial (plus tard Ferdinand Ier), on la nomma *source Ferdinand.* Le bâtiment qui recouvre actuellement la source fut construit en 1827. Ce bâtiment consiste en une galerie de style grec orientée de l'est à l'ouest, et longue de 56m,88; elle est ouverte du côté du sud, et fermée du côté du nord par des vitrages. En 1851, on chercha, mais en vain, à conduire les eaux du Ferdinandsbrunn jusqu'à l'établissement hydrothérapique. Ce n'est qu'en 1869 que les travaux eurent un plein succès. Une machine à vapeur puise les eaux de Ferdinandsbrunn pendant l'été; des tuyaux de fonte émaillée les conduisent sur une longueur de 1662m,79, à une altitude marquée par une différence de niveau de 53m,72, partie jusqu'à l'établissement des bains, partie dans le réservoir d'albâtre qui se trouve à côté du Karolinenbrunn, d'où l'eau s'écoule sans interruption de quatre heures à neuf heures du matin. L'eau qui a passé par cette conduite est à une température supérieure d'environ 3° à celle de la source; elle a aussi perdu une petite quantité d'acide carbonique et de matières solides ; elle n'a plus son goût rafraîchissant, mais elle n'en est pas moins agréable à boire, et ses effets curatifs ne sont pas moindres que ceux du Kreuzbrunn. Des plaintes ayant été formulées au sujet des impuretés que contenait l'eau amenée par la conduite, les propriétaires de la source Ferdinand se sont décidés à faire renouveler les réservoirs. En 1872, l'architecte Zikler entreprit ce travail difficile et réussit, après de grandes dépenses, à résoudre le problème d'une façon tout à fait satisfaisante. M. Zembsch, pharmacien, a fait récemment l'analyse de ces eaux. Les résultats qu'il a obtenus concordent sensiblement avec ceux des analyses faites en 1844 par le professeur Kersten, sauf que l'analyse Zembsch accuse une plus grande quantité de protocarbonate de fer.

La source de la Forêt (Waldquelle) (1) est située à environ dix minutes au nord-ouest du Kreuzbrunn. A cause de ses effets, qui sont de produire et de faire émettre beaucoup de gaz, on l'appela d'abord « source d'Eole ». Son usage en médecine remonte à la même époque que celui du Kreuzbrunn. Le premier aménagement, qui date de 1829, a été renouvelé en 1869. En même temps, on a fait des travaux de terrassement autour de la source, tracé des sentiers pour les promeneurs, et construit, sur la source même, une galerie dans le style Renaissance. En face de cette galerie s'élève une salle de concert, où pendant l'été, dans l'après-midi, l'orchestre des eaux exécute les morceaux de son répertoire.

La source *Rodolphe* (Rudolfsquelle) s'est substituée,

(1) Fondée par le docteur F. Scheu.

en 1865, à l'*acide de prairie* (*Wiesen Saüerling*), source dont l'analyse et l'emploi en médecine remontent à la même époque que l'usage de la source Ferdinand, située à peu de distance au nord. C'est le mauvais aménagement des eaux de l'*acide de prairie* qui a empêché leur usage de se répandre. La communauté de Tepl entama des négociations avec le propriétaire de la source, pour améliorer cet aménagement défectueux. Mais ce ne fut qu'après la rupture des négociations que le P. supérieur Heinl, qui a rendu tant de services à Marienbad, fit acheter un terrain à peu de distance à l'est de la source de la prairie et y fit faire des sondages, à un endroit où, d'après la tradition, il y aurait eu autrefois une source à fleur de terre. A une profondeur d'environ 2m,52, on rencontra de fortes exhalaisons gazeuses et plusieurs sources minérales d'un débit assez abondant. L'analyse démontra que leurs éléments étaient identiques à ceux de l'acide de prairie. On recueillit aussitôt les eaux dans des réservoirs perfectionnés, on orna le pourtour d'une petite rotonde, et la source reçut le nom de Rodolphe, en l'honneur du présent prince héritier d'Autriche.

La *source Ambroise* (Ambrosiusbrunn) était déjà connue en 1760, sous le nom de source acidulée potable nº 1. Plus tard, on lui donna son nom actuel, en l'honneur de l'abbé Hieronymus Ambroise, qui, à cette époque, fit faire tant de progrès à l'établissement de Marienbad. Elle fut couverte d'une toiture pour la première fois en 1812. Quand on renouvela l'aménagement en 1826, la toiture fut remplacée par le monument gothique qui existe encore aujourd'hui.

La *source Caroline* (Karolinenbrunn) ne présente pas plus d'intérêt historique que la précédente, et, au début, elle n'eut qu'une importance toute secondaire. En 1811, en exécutant des travaux de terrassement entre le *Kreuzbrunn* et la *Marienquelle*, on découvrit une source minérale dont la richesse en ferrugineux décida les entrepreneurs à des travaux d'aménagement. Ces travaux furent renouvelés en 1819 et recouverts d'une petite rotonde. Le nom de Caroline fut donné à la source, en l'honneur de l'impératrice Caroline, femme de l'empereur François Ier. En 1871, l'abbé Maximilien Liebsch, si dévoué aux intérêts de Marienbad, fit installer un nouveau réservoir et le fit couvrir d'une rotonde. Deux portiques s'en détachent dans des directions opposées, pour aller se rejoindre à une rotonde plus petite. La rotonde de l'ouest offre une vue pittoresque sur la plus grande partie du panorama de Marienbad. De celle de l'est on voit la conduite de la source Ferdinand.

La *source Marie* (Marienquelle), qui a donné son nom à la ville d'eau, était connue, dans l'origine, sous le nom de *source fétide*, qu'elle devait aux gaz sulfureux qui la font agir désagréablement sur l'odorat. Son histoire remonte aussi haut que celle du Kreuzbrunn. En 1808, lorsqu'on nettoya et aménagea provisoirement cette source, on trouva, dans le voisinage, une madone appliquée à un tronc d'arbre; c'est à cette statue de la Vierge que la source Marie doit son nom. Le réservoir actuel et sa toiture en bois datent de 1828. De toutes les sources de Marienbad, c'est la *Marienquelle* qui opère le plus vigoureusement sur les visiteurs.

Les trois dernières sources sont situées au sud et au sud-ouest de la promenade de Kreuzbrunn.

ANALYSE.

Une couche d'acide carbonique, dont l'épaisseur varie suivant la pression barométrique, s'élève au-dessus de toutes ces sources. Leur température varie entre + 6° et + 13°,7. Leur débit le plus faible est celui de la *source du Bois*, qui rend 0^{m3},0315 en neuf minutes; le plus fort est celui de la *source Marie*, qui donne 0^{m3},1102 en une minute. La source la plus riche en matières solides en suspension est la source *Ferdinand*; la plus pauvre, la *Marie*. L'eau de n'importe laquelle de ces sources, au moment où on la puise, est claire comme le cristal, inodore, formant des quantités variables de bulles d'acide carbonique, et d'un goût rafraîchissant, acidulé, et légèrement salée. Quand on l'expose quelque temps à l'air et que tout l'acide carbonique s'est dégagé, il se forme à la surface une pellicule à reflets métalliques, et il se dépose au fond du vase un précipité de matières moins solubles, plus ou moins teinté en jaune d'ocre, suivant que l'eau est plus ou moins ferrugineuse. Les *sources de la Croix* et de *Ferdinand* sont rangées parmi les eaux alcalines, salines et ferrugineuses, à cause des grandes quantités de sulfate de soude, de chlorure de sodium, de carbonate de soude, de chaux, de lithine et de protoxyde de fer qu'elles contiennent. Quant aux eaux des *sources du Bois* et de *Rodolphe*, la première est surtout riche en carbonate de soude, la deuxième en carbonate de chaux; toutes deux contiennent du sulfate de soude et du chlorure de sodium, mais le fer ne s'y trouve qu'en minime proportion. Les sources *Caroline* et *Ambroise*, qui contiennent relativement une forte proportion de protocarbonate de fer, sont indiquées comme ferrugineuses; et la source *Marie*, pauvre en sel, mais riche en acide carbonique à l'état libre, est une eau acide ordinaire.

On trouvera les tableaux de l'analyse de ces eaux à la fin du volume.

EFFETS DES EAUX DE MARIENBAD.

Les eaux de Marienbad exercent directement leurs effets sur les organes de la digestion, par l'intermédiaire desquels leur action se fait sentir dans toutes les régions du corps. L'eau des *sources de la Croix* et *Ferdinand* active la sécrétion des glandes de l'estomac et des intestins. Elle neutralise les acides en excès; elle soumet à l'action diverse de sels nombreux, les uns jouissant de propriétés excitantes et les autres de propriétés sédatives, la muqueuse de l'estomac et des intestins affectée de maladies chroniques, ainsi que les organes glandiformes du bas-ventre atteints de maladies spéciales. Elle réduit à l'état de combinaisons relativement faciles à dissoudre l'acide urique qui se trouve dans la masse des liquides du corps, et, finalement, livre au corps des éléments qui lui sont nécessaires pour se former.

Les effets que ressent le malade ne tardent pas à se manifester. Dès le premier ou le second jour, le tympanisme, si douloureux, du bas-ventre, cède à l'action des eaux. Les gaz se frayent un passage à travers les matières de l'intestin et sont expulsés. La malade ressent de légères envies d'aller à la selle, et les évacuations se font sans douleur. Il faut se hâter d'obéir au petit trouble précurseur qu'on ressent, sous peine de contrarier l'action curative des eaux. Cette action s'accuse, d'une façon manifeste, dans la couleur et l'odeur des matières rejetées. Les urines deviennent plus abondantes; leur poids spécifique diminue, d'après les dernières observations, et leur réaction est acide. Dans quelques cas, l'action excitante de l'eau minérale sur la muqueuse de la vessie et du canal de l'urèthre est telle qu'elle occasionne, après chaque émission d'urine, une sensation de brûlure dans ces organes. Si cette sensation devenait difficile à supporter, et si elle était accompagnée d'une sécrétion anormale, il faudrait interrompre l'usage de l'eau minérale, jusqu'à ce que les organes susmentionnés supportent plus facilement l'action excitante à laquelle on les soumet.

Au début du traitement, il se présente quelques légers embarras : l'appétit diminue ; l'exercice et la marche provoquent plus vite la fatigue, et le sommeil est troublé. Dans bien des cas, ces symptômes sont produits par un changement organique; mais souvent aussi ils sont le résultat du régime alimentaire auquel le malade doit se soumettre pour achever ou commencer sa guérison. Dans ce dernier cas, le trouble disparaît bientôt. Il est remplacé par une sensation de bien-être général; l'appétit progresse de jour en jour, le goût de l'exercice et de la marche augmente, et le sommeil devient calme et réparateur. Il faut remarquer que la *source Ferdinand* contient plus de sels et d'acide carbonique et qu'elle agit avec plus d'intensité que la *source de la Croix;* dans les maladies pour lesquelles l'*eau de la Croix* pourrait être nuisible, celle de la *source Ferdinand* le serait encore davantage. Avec les autres sources, dont les effets purgatifs sont insignifiants, l'action curative est en proportion de la quantité de sels qu'elles contiennent. La *source de la Forêt*, grâce à la grande quantité de sulfate de soude qu'elle contient, dissout et fait évacuer les mucosités accumulées dans les organes de la respiration et de la digestion. La *source Rodolphe*, grâce à sa richesse en carbonate de chaux, exerce une action salutaire sur les organes qui éliminent l'urine et sur ceux qui l'expulsent. Les sources *Caroline* et *Ambroise*, par leur protocarbonate de fer, fournissent au sang un élément qui joue un grand rôle dans sa composition chimique.

L'acide carbonique à l'état libre, dans toutes les eaux de Marienbad, leur donne une saveur fraîche et aigrelette fort agréable au goût. Elle exerce une action vivifiante sur les organes de la digestion ; employée à l'usage externe, dans les bains préparés avec les eaux de la *source Marie*, elle exerce une action analogue sur les organes superficiels.

EMPLOI DES EAUX ET RÉGIME A SUIVRE.

Pendant les saisons chaudes, du 1er mai au 31 septembre, on fait usage des eaux minérales de Marienbad sur place. Le reste de l'année, on peut se les faire expédier. Beaucoup de personnes trouvent leur profit dans une cure préparatoire, à l'aide des eaux minérales expédiées ; elles préparent ainsi les organes de la digestion à la cure proprement dite. De même, il est bon de continuer l'usage de l'eau de Marienbad quelque temps après la cure, pour ramener peu à peu les organes à leur régime habituel. Pour que la cure produise tous ses effets utiles, il faut y consacrer de quatre à six semaines. Pendant ce laps de temps, il faut éviter toute occupation trop fatigante de l'esprit ou du corps, et se garder des refroidissements. L'action de l'eau minérale doit être secondée par un exercice modéré, jusqu'à ressentir une légère fatigue, mais non pas un épuisement total. On ne doit prendre aucune alimentation, au moins *une heure avant ou après* qu'on a bu l'eau minérale. Pour les *sources de la Croix* et *Ferdinand*, on prendra, *à jeun*, tous les matins, entre cinq et six heures, deux verres. Entre chaque verre, on laissera s'écouler de quinze à trente minutes, pendant lesquelles il sera bon de faire un tour de promenade.

Après qu'on a digéré l'eau minérale, ce qui dure environ une heure, on prend son déjeuner. Si la cure ne produit pas son effet dès le premier jour, on augmente la dose d'un verre tous les jours, jusqu'à concurrence de six verres pour les hommes. Les dames ne doivent pas dépasser trois verres par jour, et les enfants deux. Si cette quantité d'eau ne suffisait pas à produire les évacuations mentionnées plus haut, on recommande l'addition de sels de Marienbad, ou l'ingestion d'un ou de deux verres d'eau de la *source de la Croix* dans l'après-midi, ou le soir, entre six et sept heures, de manière à éviter d'être dérangé pendant la nuit. Il faut bien remarquer que l'action curative de cette eau minérale dépend moins de la quantité qu'on absorbe que de la manière dont elle influence les organes des divers malades. Si son action tarde à se produire, il n'en faut pas conclure pour cela que l'état maladif des organes soit plus avancé. Souvent, il se trouve à la partie inférieure du gros intestin des accumulations de matières durcies, qui forment tampon. Il suffit de faire disparaître ces obstacles à l'aide d'un lavement ou d'un ou deux verres de sels amers et purgatifs pour que l'action de l'eau minérale s'exerce d'une façon régulière. Il ne serait ni raisonnable ni prudent de forcer le traitement par l'absorption d'une quantité exagérée de liquide. On recommande aux dames d'user de l'eau minérale avec des précautions particulières au moment des époques ou pendant la grossesse. Dans certains cas, au moment des époques, il vaudra

***

mieux interrompre la cure pendant quelques jours.

Les selles doivent être de deux par jour. Ce n'est que chez les personnes obèses que trois selles seront plus utiles que nuisibles.

Vers la fin de la cure, on diminue graduellement la dose, de manière à terminer par deux verres par jour.

Les personnes qui ne sont pas habituées à prendre des boissons froides dès le matin, ou qui ne supportent pas la grande quantité d'acide carbonique que contiennent ces eaux minérales, pourront additionner leur eau d'un peu d'eau chaude, ou tenir leur verre au bain-marie pendant quelques minutes.

On pourra aussi, si l'on veut prendre en même temps un aliment léger, couper l'eau de lait chaud ou de petit lait.

Les personnes nerveuses et très-impressionnables pourront prendre, le matin, une tasse d'un thé aromatique quelconque avant de boire leur eau minérale.

Plusieurs personnes, pour rendre la consommation de l'eau minérale plus agréable, font usage des *pastilles de Marienbad* ou des pâtisseries spéciales qu'on fait aux sources. Si l'on ne veut pas exposer ses dents à l'action directe de l'eau froide, on peut boire à l'aide d'un tube de verre, qui sert de chalumeau.

L'eau de la *source de la Forêt* sera prise à raison d'un ou deux verres, froide ou chaude, pure ou coupée de petit lait, à jeun, ou le matin entre dix heures et midi. Il est bon de faire usage de cette eau, ou de celles des autres sources, en même temps qu'on suit la cure des eaux de la *source de la Croix,* en tenant compte naturellement de la maladie qu'on traite.

L'eau des *sources Caroline* et *Ambroise* se prend à la même dose que celle de la *source de la Forêt,* le matin, à jeun, ou le soir entre cinq et sept heures, froide ou tiède.

Si l'usage de l'une ou l'autre de ces sources est indiqué concurremment avec celui de la *source de la Croix*, il ne faut pas oublier qu'elles sont ferrugineuses et que leurs effets ne peuvent être utiles qu'à la condition que leur fer soit absorbé. On doit donc boire leurs eaux de telle façon que la digestion soit faite avant que les effets purgatifs de la *source de la Croix* soient ressentis.

L'eau de la *source Rodolphe* s'emploie dans les affections catarrhales des voies urinaires, à raison d'un minimum de deux à trois verres. Dans les cas de gravelle et de calculs des reins, on en prendra de deux à cinq verres, le matin, à jeun, ou dans le courant de l'après-midi.

L'eau de la *source Marie* n'est plus, aujourd'hui, employée que pour des bains qui servent de succédanés aux eaux prises à l'intérieur ou sont ordonnés pour des cas spéciaux.

Le régime sera strictement observé dans l'emploi des eaux de *la Croix* ou *Ferdinand*. Les personnes qui font usage des autres eaux s'y conformeront autant que possible. Au déjeuner, café avec pain blanc, thé avec rôties, deux œufs frais, du potage gras ou du cacao. Le dîner devra être à la fois simple et substantiel. Les viandes grillées ou rôties sont, à ce point de vue, bien préférables aux viandes bouillies. On évitera les légumes secs, les choux, les fruits crus, la salade accommodée à l'huile et au vinaigre, les plats farineux dans la préparation desquels il entre beaucoup de levûre, le pain noir ou bis. Ce qui convient le mieux au dîner et au souper, c'est un potage léger, de la viande grillée ou rôtie (bœuf, veau, poulet, gibier), du poisson (truites, carpes ou saumons). Comme légumes, des épinards, des navets, des salades cuites, des pommes de terre. Les fruits cuits et en compote sont recommandés. Les laitages sont tout indiqués pour les personnes débiles. Comme boisson ordinaire, de l'eau. Les personnes faibles pourront prendre de la bière en quantité modérée au dîner et au souper. Les personnes obèses, et auxquelles le sang monte facilement à la tête, feront mieux de se contenter de vin coupé d'eau, en choisissant des vins qui ne soient ni rêches ni acides.

Après le dîner, il conviendra de garder le repos, mais non de dormir. Après le souper, pour lequel le meilleur moment est entre six et huit heures, on doit prendre au moins une heure de distraction avant d'aller se coucher.

Il n'y a pas d'inconvénient à fumer d'une manière modérée. Le régime qui vient d'être indiqué repose sur cette considération que, dans une cure qui s'adresse directement à l'appareil digestif, il faut éviter tout ce qui peut surexciter ou fatiguer ses organes.

EMPLOI DANS LES MALADIES.

Les maladies dans lesquelles les eaux de Marienbad sont employées sont invariablement des maladies chroniques, c'est-à-dire existant depuis longtemps, et ne présentant aucun symptôme aigu ni fiévreux.

L'eau des *sources de la Croix* et *Ferdinand* est employée avec succès contre l'*obésité* accompagnée d'envahissement graisseux du foie et du cœur; contre le *catarrhe chronique de l'estomac et des intestins*; contre la *constipation* produite par inertie intestinale ou par une vie sédentaire; contre les *hémorrhoïdes* et leurs suites; contre le *ver solitaire*, qu'elle expulse ou qu'elle affaiblit au point de rendre facile son expulsion par les purgatifs spéciaux; contre les *engorgements congestifs du foie* à la suite d'une absorption continue du sang des intestins par cet organe; contre le *catarrhe chronique des voies biliai-*

res; contre les *calculs biliaires;* contre l'*hypertrophie de la rate* produite par les fièvres intermittentes; contre le *catarrhe chronique des voies respiratoires;* contre les tendances à la *congestion de la tête;* contre la *congestion du cerveau et de ses membranes*, et contre ses suites : la *mélancolie* et l'*hypocondrie;* contre les *maladies des yeux* dues à la surabondance des liquides et à la trop grande tension du globe de l'œil; contre le *catarrhe chronique de l'utérus* et ses suites, telles que : irrégularités et douleurs dans les menstrues, stérilité, accidents nerveux désignés sous le nom d'hystérie. Contre la *goutte*, surtout à ses débuts; contre la *scrofulose* et le *rachitisme* provenant soit d'habitation et de nourriture insalubres, soit de dispositions constitutionnelles, ces eaux fournissent aussi de puissants moyens curatifs. L'emploi des mêmes eaux est excellent dans les *maladies de la peau* consécutives à des troubles de la nutrition. Enfin, la cure de Marienbad est à recommander aux personnes qui jouissent de leur santé, mais qui, menacées par une diathèse de l'une des maladies que nous venons de mentionner, veulent en retarder l'explosion.

La *source de la Forêt* est employée dans les cas moins graves d'affections chroniques catarrhales des voies respiratoires et des organes de la digestion.

Les eaux de la *source Rodolphe* trouvent leur usage dans le rachitisme; dans la surabondance en sécrétions acides de l'estomac; au début des affections chroniques catarrhales des reins, de la vessie et de l'urètre; dans les calculs des reins et la gravelle. On peut se demander si le carbonate de chaux que contiennent ces eaux ne produirait pas d'aussi bons effets, dans les cas de diabète sucré, que celui des eaux de Karlsbad.

Les eaux des sources *Caroline* et *Ambroise* sont recommandées lorsque, sans lésion organique importante, la pâleur ou la bouffissure du malade indiquent une mauvaise constitution du sang, comme dans la chlorose. A côté de la chlorose se placent l'appauvrissement du sang et l'affaiblissement produit par une vie irrégulière.

La *source Marie* sert à préparer des bains qui coopèrent au succès de la cure à l'intérieur. Comme les bains préparés avec les eaux des sources précédentes, les bains de la *source Marie* servent dans certains cas spéciaux. Il en est de même des bains de boue, de gaz, de vapeur, de douches et d'aiguilles de sapin.

Toutes ces eaux minérales ne doivent, dans aucun cas, être employées contre les maladies aiguës et inflammatoires, ni dans le cancer, la tuberculose et la syphilis. Néanmoins, dans le cas de cette dernière maladie, quand le traitement est terminé et que tous les symptômes ont disparu, une cure d'eau de la source de la Croix contribuera à expulser du corps les derniers restes morbides.

EXPÉDITION.

L'expédition des eaux de Marienbad date de l'époque à laquelle cette station hydrominérale commença à être connue du public et où le nombre de ses visiteurs alla en croissant. Les premiers essais d'expédition remontent à 1710. A cette époque, l'eau de la source d'Auschowitz était recueillie dans des barils et envoyée aux couvents voisins de Kladrau et de Plass. L'expédition prit bientôt des proportions considérables, et en 1818 elle atteignait le chiffre de soixante-dix-huit mille cruchons par an. On ne se sert plus aujourd'hui que de bouteilles en verre, bien plus légères que les cruchons de grès et tout aussi solides. En les remplissant, on prend toutes les précautions nécessaires pour que l'eau minérale garde sa fraîcheur et sa pureté. Toutes les eaux ferrugineuses déposent un précipité d'ocre plus ou moins abondant; les eaux des *sources de la Croix* et *Ferdinand* n'échappent pas à cette règle. Quand on prend une bouteille de cette eau, qui a été conservée pendant plusieurs jours, qu'on la saisit par le goulot et qu'on la retourne, on voit une nuage trouble se détacher du fond; si on la laisse reposer quelques instants, le précipité retombe; si l'on débouche ensuite la bouteille avec précaution et sans l'agiter, le contenu, qui n'a rien perdu de son sulfate de soude, sera parfaitement limpide, jusqu'au dernier demi-verre. L'eau minérale expédiée (1) est employée également avant ou après la cure à Marienbad, ou en son lieu et place. Il faut placer les bouteilles dans un endroit frais, les laisser debout, et, quand elles sont ouvertes, les reboucher soigneusement, pour empêcher la déperdition de l'acide carbonique. Le nombre de cruchons et de bouteilles des diverses eaux minérales de Marienbad expédiées dans ces dernières années a dépassé sept cent mille.

Le sel extrait des eaux de Marienbad se recueille à la source Ferdinand, par évaporation. On l'expédie en flacons de 28 et de 14 décigrammes. Ces flacons portent une étiquette qui explique l'usage du sel. En 1873, on en a expédié 20 quintaux. C'est un laxatif tonique, qui s'emploie seul, ou conjointement avec l'eau des *sources de la Croix* et *Ferdinand.*

Les *pastilles de Marienbad* sont faites avec les sels des sources. On les expédie par trente ou soixante, dans des

(1) D'après les observations de feu le docteur Tanzer et de l'Administration des eaux, l'eau minérale contenue dans des bouteilles bien bouchées se conserve plusieurs années sans altération.

boîtes artistiques qui renferment une notice sur leur usage. On les emploie dans les cas moins graves d'embarras gastrique et de troubles digestifs, quand il s'agit d'enrayer la formation de liquides acides trop abondants et de faciliter la sécrétion des liquides de l'estomac, des intestins, ainsi que celle de la bile.

Il faut joindre aux sources les *boues minérales*, dont l'importance thérapeutique est considérable.

On désigne sous le nom de *boues minérales* des conglomérats de substances minérales et végétales, formant des couches de plusieurs mètres d'épaisseur, et transformés en masses analogues à la tourbe, par des courants de gaz et d'eau minérale qui les traversent. Bien des théories, bien des hypothèses ont déjà été faites au sujet de ces conglomérats ; mais on sait encore bien peu de chose sur les réactions chimiques et le temps qu'il a fallu pour transformer ces masses de détritus organiques et de matières inorganiques en une substance d'un brun foncé veinée de taches couleur de rouille, d'apparence tantôt argileuse, tantôt sablonneuse, tantôt floconneuse au toucher, exhalant une odeur de bitume, et légèrement saline au goût.

Le premier gisement de boues à Marienbad a été découvert tout à côté de la source Marie. Lors de la construction du premier établissement de bains, le docteur de Heidler, renouvelant les essais du docteur Nehr, tenta de l'employer. Les résultats furent des plus satisfaisants pour les malades, et l'usage des boues de Marienbad ne tarda pas à se répandre. En 1830, le premier gisement était épuisé. On recourut à un deuxième, qu'on venait de découvrir à une lieue au nord-ouest de Marienbad, sur la lisière de la forêt de Royau. Ce gisement, difficile à trouver sans guide, mérite d'être visité. Les sources minérales, troublées par des torrents de gaz qui s'échappent du sein de la terre, sont un intéressant but d'excursion.

Cependant, ce gisement, en présence de l'affluence des baigneurs, serait devenu insuffisant. Après des sondages répétés autour de Marienbad, l'inspecteur des bains, Basile Hacker, finit par trouver, en 1852, dans la direction de l'ouest. à une demi-lieue de la ville, un gisement des plus riches. Ce troisième gisement, dit le *nouveau gisement des boues*, est situé dans la forêt. Un charmant sentier y conduit, à travers une des parties les plus pittoresques du bois. Depuis sa découverte, on n'en a pas tiré moins de 19,674 bains, et il ne paraît pas en voie de s'épuiser.

Les fouilles qu'on a faites dans ces derniers temps ont amené la découverte de squelettes d'animaux, de bois de renne et de cerf. A la profondeur de $4^{m},74$, la terre boueuse est encore excellente. La boue qu'on retire est transportée sous des hangars spécialement aménagés dans la cour de l'ancien établissement de bains. C'est là qu'on l'expose à l'action de l'air.

Après qu'elle a été soumise pendant quelque temps à cette action, la boue se recouvre d'efflorescences blanches, bleues ou jaunes, suivant qu'elle est plus riche en alcalis, en phosphates de fer ou en soufre. Les acides et la vapeur d'eau contenus dans l'air produisent des réactions chimiques à la suite desquelles tous ces éléments augmentent en quantité. On verra, dans l'analyse comparée de la boue fraîche et de la boue exposée à l'air qui se trouve à la fin de cette brochure, de quels éléments se composent les boues de Marienbad, et quels sont ceux que le contact de l'air modifie chimiquement.

Ajoutons à cette analyse qu'un fragment de boue dans lequel, à sa consistance et à sa couleur d'ocre, on soupçonne déjà la présence du fer, agit sur l'aiguille aimantée après qu'il a été soumis à la calcination. Cette simple expérience fait supposer que la guérison de certains cas de paralysie, obtenue à l'aide des bains de boue, est due non-seulement à la forte température et à la chaleur humide, mais à des influences électro-magnétiques qui se développent au sein de la masse boueuse.

Les boues desséchées sont portées dans des broyeurs spéciaux; au sortir de là, elles sont passées au crible, puis placées dans de grandes cuves de bois munies d'une fermeture hermétique. On introduit dans ces cuves un courant de vapeur d'eau chauffée. Quand on veut préparer un bain, on place sous le robinet d'écoulement de la cuve une baignoire garnie de roues; on laisse écouler la masse semi-fluide qui sort de la cuve à une température de 80° Réaumur. Quand la baignoire est à moitié pleine, on y jette de la boue fraîchement passée au crible, et on ajoute l'eau chaude ou froide nécessaire pour amener le bain à une température de 28° à 35° Réaumur et pour lui donner la fluidité convenable. Quand le bain est prêt, on le roule dans un cabinet, à côté d'une baignoire destinée aux ablutions.

Les baigneurs, qui hésitent un peu, les premiers jours, à se plonger dans ce liquide, semblable à du marc de café, doivent y entrer jusqu'au milieu de la poitrine, y rester d'une demi-heure à une heure, et se frotter les parties malades avec le liquide contenu dans la baignoire.

Dès que ce laps de temps est écoulé, ou dès qu'on ressent une sensation de froid ou de malaise, on doit sortir du bain.

Avant de se plonger dans le bain limpide destiné aux ablutions, et qui est à une température de 29° à 30° Réaumur, on se verse sur le corps, à l'aide d'un puisoir, ou on se fait verser par le garçon de bain, deux ou trois pleins puisoirs d'eau claire. On reste dans le bain d'ablutions le temps qu'il faut pour se nettoyer.

Il faut prendre, pour les bains de boue, les mêmes précautions que pour les bains ordinaires : y aller à jeun ou la digestion accomplie, ne pas y entrer quand on est en transpiration, ne pas y dormir, et, quand on en sort, se reposer pendant une demi-heure, ou prendre un exercice modéré, dans un endroit chaud et abrité des courants d'air.

Ce n'est que par exception qu'on fait usage tous les jours des bains de boue. D'ordinaire, on les prend de deux jours l'un. Le nombre des bains qu'on prend pendant une cure varie de dix à trente. Les prescriptions du médecin, l'état du malade, le temps qu'il peut consacrer à sa cure sont les seules règles à suivre pour fixer le nombre des bains.

De sept heures du matin à quatre heures de l'après-midi, la vieille maison de bains est ouverte au public. Les bains locaux, tels que bains de pieds, bains de bras, ne se préparent que dans l'après-midi.

Si l'on veut faire usage des bains de boue à domicile, l'administration fait l'envoi de sacs de boue desséchée et passée au crible, contenant chacun $0^{m^3},031$ (à raison de 30 kreutzers le sac). On placera dans un vase en terre la quantité de boue qu'on juge nécessaire pour faire une application sur la partie malade. On versera sur cette boue de l'eau bouillante, jusqu'à consistance épaisse, en ayant soin d'agiter tout le temps. Il faut tenir la boue délayée à une température aussi élevée que la région malade pourra la supporter. On versera cette bouillie dans un sachet de toile, en l'étendant, en prenant soin que le poids du cataplasme ne soit pas trop lourd pour la partie du corps sur laquelle on veut l'appliquer. Si le cataplasme est trop chaud, on le retire et on le laisse refroidir un instant. Quand il est appliqué, on le recouvre d'une toile ou d'une étoffe de laine pour empêcher une déperdition de chaleur trop rapide et pour éviter de tacher le linge et la literie.

On enlève le cataplasme au bout d'un laps de temps d'une demi-heure ou d'une heure, ou mieux, quand il est arrivé à la même température que le corps du malade; après quoi on enveloppe chaudement la partie sur laquelle il a été appliqué.

Les petits frissons qu'on éprouve quelquefois à la suite d'un usage répété des bains de boue disparaissent entièrement dès qu'on interrompt ces bains.

On peut se servir d'alcool dans les bains et dans les cataplasmes de boue. On en verse une certaine quantité dans le bain, et l'on agite quelques instants afin de dissoudre dans l'alcool les éléments qui peuvent être solubles dans ce corps. On obtient ainsi une action plus intense.

En traitant les boues avec l'eau et l'alcool, on en tire un liquide qui contient à peu près tous leurs éléments solubles. Cet extrait pourrait donner de bons résultats si on l'employait comme adjuvant des bains minéraux.

Les maladies qui cèdent, avec plus ou moins de peine, à l'action des bains de boue, sont les suivantes : la *goutte*, les *rhumatismes* de toute nature, qui n'ont ni le caractère aigu, ni le caractère inflammatoire; la *chlorose;* la *paralysie* et les affections analogues qui ont pour cause des désordres des nerfs, de la moelle épinière ou du cerveau; nous ne parlons ici que de celles dont on sait, avec certitude, que l'usage des bains chauds ne les aggrave pas; de ce nombre sont les *névralgies* générales ou locales, continues ou intermittentes. On emploie encore avec succès les boues de Marienbad dans les *inflammations articulaires chroniques*, dans les *tumeurs du genou*, dans les *maladies de la peau* causées par un relâchement des tissus de cet organe, et de leur accompagnement ordinaire de *sueurs surabondantes* et de *sécrétion de liquides gras*. Les boues de Marienbad sont encore indiquées contre les *hypertrophies indurées des glandes lymphatiques* qui ne sont pas le résultat d'une autre maladie; contre les *affections catarrhales de l'estomac, de l'utérus* et des organes voisins; contre l'*inertie* et la *dilatation des vaisseaux sanguins*, et enfin contre les *hypertrophies du foie et de la rate* qui viennent à la suite de fièvres intermittentes ou d'une inflammation chronique de ces organes.

On n'usera des boues de Marienbad dans aucune des affections *fiévreuses* et *inflammatoires*, ni dans l'*étiolement*, les *maladies du cœur*, la *congestion*, la *tuberculose*, le *cancer* et la *syphilis*.

Dans cette énumération des maladies auxquelles conviennent les boues de Marienbad et de celles dans lesquelles il faut les écarter, nous n'avons indiqué que les groupes généraux, dans lesquels il sera facile de placer les variétés, quel que soit leur nom.

Dans les cas spéciaux, il vaudra mieux ne rien précipiter et agir avec circonspection, avant de décider l'emploi des boues de Marienbad.

ANALYSE DES EAUX

D'APRÈS LE « GUIDE PRATIQUE DE

Les quantités indiquées

NOMS DES ÉLÉMENTS	KREUZBRUNN
Sulfate de soude	4.9531
Sulfate de potasse	0.0522
Chlorure de sodium	1.7011
Carbonate de soude	1.1749
Carbonate de lithine	0.0046
Carbonate de chaux	0.5195
Carbonate de strontiane	0.0007
Carbonate de magnésie	0.4338
Protocarbonate de fer	0.0351
Protocarbonate de magnésie	0.0031
Phosphate basique d'alumine	0.0049
Phosphate neutre de chaux	0.0018
Acide silicique	0.0820
Combinaisons du brome et du fluor	Traces
Matières extractives	0.0079
Somme des éléments solides	8.9747
Acide carbonique libre et en demi-combinaison	1.9680
Somme de tous les éléments	10.9427

DE MARIENBAD

MARIENBAD », PAR LE Dr KRATZMANN

représentent des grammes.

FERDINANDSBRUNN	AMBROSIUSBRUNN	MARIENQUELLE
5.0477	0.1889	0.0461
0.0424	Traces	—
2.0048	0.0499	0.0062
1.2890	0.0958	—
0.0090	Traces	—
0.5447	0.2424	0.0394
0.0008	Traces	—
0.4550	0.1104	0.0052
0.0613	0.0439	0.0035
0.0157	0.0029	—
0.0018	—	—
0.0019	0.0013	—
0.0965	0.0470	0.0246
Traces	Traces	—
Traces	0.0023	0.0098
9.5706	0.7848	0.1348
2.9736	2.0633	1.2001
12.5442	2.8481	1.3349

	WALDQUELLE (source du Bois).	KAROLINENQUELLE (source Caroline).
	En 10.000 parties.	Eléments solides.
Sulfate de potasse	1.0155	1.0827
Sulfate de soude........	12.1307	3.2255
Chlorure de sodium.....	3.9174	0.9281
Carbonate de soude.. ..	7.7662	0.5192
Carbonate de chaux.....	2.4763	2.5179
Carbonate de magnésie..	3.0538	2.7564
Protocarbonate de fer...	0.1682	0.1873
Protocarbonate de manganèse	0.0155	0.0255
Acide silicique..........	3.8318	1.0850
Matières organiques.....	Traces	0.0292
Somme des éléments solides	34.3754	12.3568
Éléments gazeux :		
Acide carbonique en demi-combinaison	28.9027	34.155
Acide carbonique tout à fait libre.............	22.9202	29.845
Somme de tous les éléments..............	86.1983	76.3568

L'analyse de la source de la Croix (Kreuzbrunn) date de 1859, et celle de la *source Ambroise*(Ambrosiusbrunn) de 1860. Elles sont du docteur Raisky. Celle de la *source Ferdinand* (Ferdinandsbrunn) date de 1844, et a été faite par le professeur Kersten. Celle de la *source Marie*

RUDOLFSQUELLE
(source Rodolphe).

En 10.000 parties.	Eléments solides.
Sulfate de potasse	0.2250
Sulfate de soude	1.0630
Chlorure de sodium	0.5862
Bicarbonate de soude	1.3929
— de chaux	11.1628
— de magnésie	6.7030
— de fer	0.4155
— de manganèse	0.0747
Phosphate basique d'alumine	0.0340
Acide silicique	0.1260
Lithine, strontiane, arsenic	Traces
Somme des éléments solides	21.7831
Élément gazeux :	
Acide carbonique libre	12.1616
Somme de tous les éléments	33.9447

(Marienquelle) a été faite par Reuss en 1817. Celles de la *source du Bois* (Waldquelle) et de la *source Caroline* (Karolinenquelle) sont de 1871 et 1873, et appartiennent au docteur Dietl. Celle de la *source Rodolphe* (Rudolfsquelle) a été faite en 1866 par le Pr. Dr Lerch.

ANALYSE COMPARÉE

DES

NOUVELLES BOUES MINÉRALES DE MARIENBAD

(Extrait de « la Nouvelle Boue minérale de Marienbad », par le conseiller Dr de Heidler.)

	D'après Raisky, 100 parties de boue fraîche humide contiennent :	D'après Lehmann, 100 parties de boue humide longtemps exposée à l'air contiennent :
Eau et autres liquides	81.376	26.112
Éléments solides	18.624	73.888
	100 parties de boue desséchée contiennent :	
Éléments solubles dans l'eau	3.733	45.841
Éléments solubles dans l'acide chlorhydrique et l'eau régale	27.048	5.28
Matières organiques insolubles	68.574	46.908
	100 parties de boue desséchée contiennent :	
Éléments solubles dans l'eau	3.733	45.841
Potasse	0.475	0.206
Soude	0.265	0.128
Ammoniaque	Traces	0.278
Chaux	0.172	1.892
Talc	0.074	0.366
Alun	0.029	3.537
Protoxyde de fer	0.234	7 351
Acide sulfurique	0.496	21.296
Acide silicique	0.092	0.103
Acide de source	0.465	2.144
Autres matières organiques et perte	0.431	4.759
Acide formique	—	0.428
Autres acides liquides	—	1.451
Matières solubles dans l'eau régale	27.048	5.280
Chaux	0.214	—
Talc	0.145	—
Alun	—	0.184
Protoxyde de fer	21.189	2.041
Fer	1.050	—
Soufre	1.200	3.979
Acide phosphorique	0.783	0.602
Acide silicique	0.150	0.097
Eau et matières organiques	1.050	0.613
Humus	12.960	4.253
Cire	0.332	1.034
Poix	0.402	2.452
Matières minérales indéterminées	[illegible].645	1.771
Débris végétaux	50.880	40.422

Paris. — Imp. Gauthier-Villars, 55, quai des Grands-Augustins.

www.ingramcontent.com/pod-product-compliance
Ingram Content Group UK Ltd.
Pitfield, Milton Keynes, MK11 3LW, UK
UKHW020222200726
13856UKWH00004B/1565